科學實驗安全守則

- 隨時都要小心「高溫」或「尖銳的物品」。
- 任何東西都不能放進嘴巴裡。
- 如果做實驗的過程中，有你「不熟悉的操作」，
  請找大人幫忙。

科學酷女孩的小實驗

想知道伊莉在書中的小實驗是
怎麼做出來的呢？

掃描看看下面的QRcode，
你可以看到詳細的實驗影片，
並且了解這些實驗背後的科學知識！

- **簡單材料就能造出假雪：最適合自己動手做的雪花實驗。**
  〔「吾家玩藝術」教學影片〕

- **造一座火山，並且在家就能觀察火山爆發。**
  〔「士林親子館」教學影片〕

- **用衛生紙或塑膠袋，就能製作降落傘。**

小樹文化
Little Trees

救救童話 2

科學酷女孩伊莉

睡美人的詛咒，
關科學實驗什麼事？

IZZY the INVENTOR

查娜‧戴維森 **Zanna Davidson** ——著

艾麗莎‧艾維克 **Elissa Elwick** ——繪

聞翊均 ——譯

目錄

科學酷女孩伊莉

她想要成為……

歷史上最偉大的

發明家

伊莉只相信科學，不相信魔法。但是有一天，出現了意想不到的情況──仙子出現在她的房間，並且說……

我叫做
「玫瑰閃亮腳仙子」，
是妳的仙子教母。

仙子送給伊莉一匹**獨角獸**
（伊莉根本沒有說她想要
獨角獸），又把她送
到**童話國度**去執
行任務（伊莉原
本不相信世界上
有童話國度），
並告訴伊莉，她必須去末日
火山拯救**白馬王子**。

伊莉的生活，從此
變得不一樣了⋯⋯

CHAPTER 1
童話故事大危機

伊莉做著美夢，夢中，她和最喜歡的科學家一起野餐，有偉大的物理學家**愛因斯坦**……

是個「相對優秀」的三明治呢。

伊莉介紹了自己最新的**傑出發明**，他們都非常
欣賞伊莉。

但這時候，伊莉聽到銀鈴般的聲音一次又一次喊
著她的名字。

美夢消失了，

伊莉張開眼睛，看見床邊有一名**仙子**

和一匹胖胖的**獨角獸**。

玫瑰閃亮腳仙子、亨寶！
你們怎麼會在這裡？

「出事了。」玫瑰閃亮腳仙子說。

「**很麻煩的事情。**」獨角獸亨寶補充。

童話國度又遇上大麻煩了，我們需要妳的幫忙。

都是因為壞仙子布蘭達。

我也很擔心童話國度的情況……

「沒有人邀請**壞仙子布蘭達**參加灰姑娘的婚禮，」玫瑰閃亮腳仙子說，「所以她對所有童話故事下了**末日詛ㄗㄨˇ咒ㄓㄡˋ**，第一個被下詛咒的是《睡美人》的故事。現在，光靠王子沒辦法讓睡美人醒來……」

要解除詛咒的話，
我們就必須想辦法讓
「永遠夏季草原」下雪……

還要讓我飛起來。
但是看看我的翅膀，怎
麼可能飛得起來呢！

「不能用**魔法**解決這個問題嗎？」伊莉問。

「只有**冬妖精**能施展下雪魔法。」玫瑰閃亮腳
仙子說，「但我們不想找他們幫忙。」

亨寶聳聳肩，說：「冬妖精最討厭了！」

他們會把你的鼻子變成紅色……

把地板變得滑溜溜的……

然後在你跌倒的時候嘲笑你。

「我們也試過讓亨寶飛起來，」玫瑰閃亮腳仙子嘆了一口氣，「但是什麼魔法都沒有用。所以，伊莉，我們需要借助妳的**科學才能**。妳必須到**童話國度**拯救所有人。」

可是我今天要上學！

現在才早上6點。我們會在上課之前送妳回來。

「別擔心。」玫瑰閃亮腳仙子說，「妳和亨寶一定能解決這個問題。」

這張地圖給你們。祝你們好運！

接著，玫瑰閃亮腳仙子飛出了敞開的窗戶，留下一條粉紅色的閃亮路徑。

「拜託妳幫幫我們。」亨寶懇求說，「我真的不希望**睡美人**永遠醒不過來變成是我的錯。」

「我一定會幫忙。」伊莉說完後，抱了抱亨寶，

「先讓我整理要帶去的東西。」

伊莉開始收拾她的**科學背包**。

多帶一些材料，
以防萬一……

還有我的
實驗袍！

要不要帶一些
零食？

最後，伊莉把科學筆
記放進背包裡、換好
衣服。

接著，伊莉跳上亨寶的背……

亨寶躍出窗戶……

他們蹦蹦跳跳的越過花園……

穿過亮晶晶的粉紅色雲霧……

CHAPTER 2

重返<u>童話國度</u>

「回到這裡很棒吧？」抵達**童話國度**
後，亨寶一邊說，一邊扭來扭去。

「真的很棒……」伊莉說，「不過上次應該沒來
過這個地方。這裡看起來有點可怕。」

什麼意思啊?
我看起來很親切啊!

「先去一趟**睡美人的城堡**吧。」伊莉
說,「看看她是不是真的醒不過來。我們
不能完全相信玫瑰閃亮腳仙子說的話。我
來看看地圖。」

睡美人的
城堡

冰凍荒地
(壞心冬妖精的家)

濃密的荊棘森林

更多童話
森林

永遠夏季草原

侏儒怪的家

童話國度農場

白雪公主的小木屋

「啊哈！」伊莉說，「只要穿越荊ㄐ一ㄥˊ棘ㄐ一ˊ森林，就能抵達睡美人的城堡了……」

嗯……
該怎麼穿越呢？

濃密的
荊棘森林

（除非是拿著大斧頭的
超尊貴王子，
否則無法穿越）

「上面說，我們必須是尊貴的王子，還要拿著大斧頭才能穿越。」亨寶說，「這有點困難。」

「我覺得你就是**獨角獸中的王子**呀。」伊莉說。

亨寶害羞得紅了臉。

「我想到了！」亨寶說，「可以試試看用我的角破壞荊棘。」

「哇，快看！」伊莉大喊，「已經有人開闢ㄆ了一條路。」

「呼，幸好！」亨寶說，「伊莉，跳到我的背上吧！我們要飛快的衝進去了！」

要不要吃點零食、休息一下？

點心屋

我想尿尿。

「終於！」抵達城堡大門時，伊莉說，「到達目的地了！」

他們走進城堡……

「這裡是不是有點怪怪的？」亨寶說。

「而且，這座城堡好巨大。」亨寶說，「我們要怎麼找到**睡美人**呀？」

伊莉和亨寶爬上彎彎曲曲的樓梯……

高塔頂端有一個小房間。房間裡面有一張沙發，睡美人就睡在沙發上。她睡得很熟，還打鼾，而且**超級大聲**。

「接下來呢？」亨寶問。

「接下來，我們要試看看能不能叫醒她。」伊莉說。

但是，什麼方法**都沒有用**……

「天呀。」亨寶說，「她一定睡得非常、非常、非常熟。」

伊莉還來不及回話，一位王子就走進了房間，手裡還捧ㄆㄥˊ著一大杯茶。

「我花了很久很久的時間試著叫醒她，」王子說，「但是一點用也沒有。」

「糟糕了！」王子害怕得大喊，「如果睡美人不醒來的話……」

「別擔心，」伊莉說，「我有個計畫，這位……抱歉，我發現我還不知道你的名字。」

「我叫做**王子**。」王子說。

「你叫做什麼王子？」伊莉問。

「叫我王子就好。」王子堅持說。

「你的名字不可能只有王子兩個字。」伊莉說，「王子前面一定有其他名字。」

「好吧，說就說。」王子說，「但是你們絕對不能笑喔。你們能保證不會笑嗎？」

我們保證不會笑。

總不可能比白馬王子更糟吧。

我叫「馬鈴薯」。

「大家都笑我。」王子嘆氣道,「更糟糕的是,還有人幫我取了綽號,叫**麻糬**。」

「不過，馬鈴薯王子，我們有個好消息，」亨寶說，「伊莉來這裡的任務，就是叫醒睡美人。我們要做的事就是**解除詛咒**——讓永遠夏季草原下雪，還有讓我飛起來。」

你會飛嗎？

我可以飄起來。

「**飄起來？**」馬鈴薯王子說，接著看向伊莉。

妳幾歲了？
妳看起來大概
才5歲。

我才
不是5歲小孩。

而且妳不可能讓
「永遠夏季草原」下雪，
那裡已經好幾百年沒下雪了。

剛好，我或許可以
讓永遠夏季草原下雪。

只是「或許」
嗎？

「我有**99％**的把握能做到。」伊莉說，「但是我需要先知道……

如果失敗了、睡美人沒辦法醒來的話，會發生什麼事？」

「那麼《**睡美人**》的故事就完了。」馬鈴薯王子說，「如果睡美人一直在睡覺，誰會想要讀這個故事呢？想想看那本書會是什麼樣子……」

從那天開始，睡美人就一直睡呀……

45

「沒有人想讀這種童話故事吧？」王子問，「如果沒有人讀我的童話故事，那麼這裡就不只有**末日火山**，還有**末日王子**了。」

我會變成末日馬鈴薯王子。

為什麼？如果沒有人讀你的童話故事，會怎麼樣？

噓——我們不可以討論這件事，這是禁ㄐㄧㄣˋ忌ㄐㄧˋ。

「告訴妳也沒關係，反正妳很快就會發現了。我會愈來愈透明，直到**完全消失不見，我會消失！人間蒸發。**」

「別擔心。」伊莉說，「我已經在想辦法了。我會解決這個問題，**發明家伊莉**可不是浪得虛名的。」

伊莉說完後，開始翻閱她的科學筆記，「沒錯！
就是這一頁……」

製作假雪花

需要材料：

- 盤子或碗
- 玉米粉
- 烘焙用小蘇打（又叫小蘇打或碳酸氫鈉）
- 水
- 1～2坨刮鬍泡（非必要）

科學筆記：

這個實驗真的超級簡單！

如果雪花太乾，請多加幾滴水；如果雪花
太溼，請多加一些烘焙用小蘇打和玉米粉
（這兩種材料的分量必須一樣）。

「**萬歲！**」王子說，「所以說，只要把這些材料混合在一起，我們就離破解詛咒更進一步了。」

一抵達**永遠夏季草原**後，伊莉馬上開始製作雪花。

把玉米粉……

和烘焙用小蘇打混合均勻。

再加一些水。

成功了！

實驗完成後，他們都
盯著碗裡的雪花。
亨寶和王子跳起
了英國傳統的吉
格舞慶祝。

但就在這個時候，**壞仙子布蘭達**
突然出現了。

「看來，妳做出雪花了，是
吧？」她輕蔑ㄇ的說，「但
妳要怎麼做，才能讓雪花像
是從天上飄下來的呢？妳沒
有想過這件事吧？」

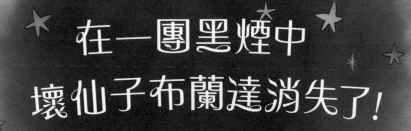

在一團黑煙中
壞仙子布蘭達消失了!

「大事不好了!」王子說,

「現在該怎麼辦?」

你們看!我的手臂也開始消失了!亨寶還是不能飛。我完蛋了——

CHAPTER 3
讓<u>永遠夏季草原</u>下雪

「不要輕易放棄。」伊莉說,「一定有辦法能解決。我們現在最需要的,就是**仙子**。」

他們可以到處飛翔,然後把雪花丟下來。這麼一來,就會像下雪了!

「今天是**仙子聚會**的日子！」亨寶解釋，「每到這一天，仙子都會神祕消失。沒有人知道他們去哪裡了，這個聚會一定**很重要**。」

這時候，突然出現了一些聲音，
是押韻兔的歌聲。

伊莉、伊莉，別擔心！

妳真的、真的好擔心！

別著急……

讓我們來幫妳！

快看！是押韻兔。

別客氣……

讓我們來幫妳！

「這個嘛……」伊莉快速解釋了
遇到的問題。

我們飛來又飛去……

讓雪花飄來又飄去！

「太感謝你們了！」伊莉說，「你們真是太
棒了！」

「我們都是為了王子，」押韻兔唱道，「受
不了他這個樣子！」

看啊看，
鼻子消失了！

看啊看，腳趾頭
消失了！

看啊看，
腳趾頭消失了……

「喔，不。」王子說，「我不但正在消失，還被傳染了押韻兔的說話方式。」

這時候，伊莉正忙著把**假雪花**發給所有押韻兔，「壞仙子布蘭達去哪裡了？她必須親眼見證！」

壞仙子布蘭達！
嘿，壞仙子布蘭達！
妳在哪裡？

押韻兔快啊！
用最快的速度。

當壞仙子布蘭達回到永遠夏季草原時，
看起來**氣得要命**。

「我們讓草原下雪了！」王子得意的歡呼，「接下來只要想辦法讓亨寶飛起來就行了。」

壞仙子布蘭達，接招吧！妳現在一點也不可怕了。

壞仙子布蘭達揮舞**魔法棒**、瞇起雙眼。
亨寶則倒抽了一口氣。

「聰明的小礙ㄞˋ事鬼，你們成功了是吧？」壞仙子布蘭達凶巴巴的說，「好啊，如果你們真的這麼厲害……」

我在此宣布，
睡美人將會永遠沉睡，
除非……

「沒用的獨角獸亨寶能飛，

還有**末日火山爆發**！

就這樣。」

妳不能增加
詛咒！

誰說的？事實上，
童話故事通常會有
三個詛咒。

「**不公平！**」可憐的馬鈴薯王子悲慘的大叫。

「你應該要感謝我才對。」壞仙子布蘭達回話，

「情況本來會更糟。」

怎麼可能？
要怎麼樣才會更糟？
我的腳都不見了。

我本來可以把
你變成青蛙！

「再見了！」壞仙子布蘭達一邊飛走，一邊大喊，「祝你們好運！」

哈哈哈——！

「妳應該要好好練習一下邪惡笑聲！」馬鈴薯王子對著她的背影大喊。

壞仙子布蘭達回過頭來，又試了一次……

哈哈哈——

哇哈哈——

嘻嘻
哇哈哈——

「聽起來還是很糟糕。」王子說。

「哼，反正你馬上就要消失了，**麻糬王子**！」
壞仙子布蘭達笑著說。

「我不叫**麻糬**王子，是**馬鈴薯**王子！」王子
大吼。但太遲了，壞仙子布蘭達已經離開了。

CHAPTER 4
讓<u>末日火山</u>爆發

「老天。」亨寶說,「我們好像把事情變得愈來愈糟了。」

馬鈴薯王子難過的看著消失的手臂。但是伊莉很堅定,說:「末日火山確實是一座火山對吧?」

「但是**末日火山**上次爆發,已經是1000年前了。」馬鈴薯王子憂傷的說。

我敢說,妳一定能讓火山再次爆發!

沒錯……我相信我做得到!

「除此之外，」伊莉興奮的說，「**末日火山**也是最適合讓亨寶初次飛行的地點！」

「聽起來好像有點危險？」亨寶說。

科學家必須冒險。

我又不是科學家！

但是伊莉沒有理亨寶。她說：「等我把這些工具收好，就可以出發了！」

他們花了很長一段時間才抵達**末日火山**，
一路上亨寶不斷停下來吃零食。當他們
抵達山腳時，馬鈴薯王子的雙腿
已經開始消失了。

我們要怎麼
爬上山？

別擔心，
這裡有祕密電梯！

「哇！」抵達山頂時，伊莉說，「仙子在這裡做什麼？」

我們正在一日遊。

妳好，親愛的。我們是「退休仙子之家」的仙子。

那位王子的狀況看起來比我們還要糟！

71

「我們沒有被邀請參加 **仙子聚會**。」一位仙子解釋，「所以我們到這裡，希望能讓心情好一點。」

「我們來這裡，是因為有緊急任務，」亨寶驕傲的說，「我們要解除壞仙子布蘭達的 **詛咒**。」

我們已經讓雪花落在永遠夏季草原上了。

接下來我們要讓末日火山爆發。

「亨寶，」伊莉說，「事實上，我要先準備你的**飛行裝備**。火山爆發的時候，你就可以從山上跳下去了。」

「聽好，」伊莉繼續說，「雖然我沒辦法讓你真的飛起來，但我打算讓你滑翔。所以，我們需要在夠高的地方！我要先確認一下科學筆記。沒錯！我知道該怎麼做了……」

我們要製作降落傘！

我喜歡這個實驗護目鏡！

「這套裝備有用嗎？」馬鈴薯王子說，「我不知道我能撐到什麼時候！」

「不會有問題啦。」伊莉輕鬆自信的說。

「那亨寶呢？」王子說，「他看起來，呃，不太符合**空氣動力學**？」

「他不需要符合空氣動力學。」伊莉說，「我們的高度夠了，還有一點風。希望到時候能順利滑翔到睡美人的城堡去。」

亨寶，接下來只要等待就好，我要開始準備讓火山爆發了。

如何製作火山

（做好準備，最後會一團混亂！）

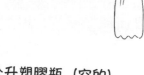

需要材料：

10ml洗碗精
100ml熱水
400ml白醋
紅色食用色素

2公升塑膠瓶（空的）
半杯烘焙用小蘇打
半杯水（用來製作烘焙用小蘇打溶液）

製作步驟：

❶ 把醋、水、洗碗精和2滴紅色食用色素，統統放進空的2公升塑膠瓶中。

❷ 將半杯烘焙用小蘇打加滿水，並且用湯匙攪拌均勻，直到小蘇打溶化成液體，就是烘焙用小蘇打溶液了。

❸ 火山爆發的時刻到了！把烘焙用小蘇打溶液倒進塑膠瓶裡，然後向後退！

超棒的科學實驗開始嘍！我需要的材料應該都帶來了……

伊莉仔細測量材料的多寡，

然後開始攪拌混合。

「不算劇烈啦，」伊莉承認，「壞仙子布蘭達又沒有說火山爆發要多劇烈呀，對不對？」

「妳說得沒錯，」馬鈴薯王子說，「但是壞仙子布蘭達很愛挑毛病。」

「我們可以幫忙。」退休仙子說，「我們的魔法
沒有以前強大，所以沒辦法製造火山爆發。」

但是我們可以把
火山爆發變得更劇烈。

真的嗎？
太好了！

伊莉把**烘焙用小蘇打溶液**
倒入塑膠瓶裡。

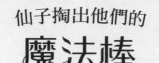

仙子掏出他們的
魔法棒

塑膠瓶裡的溶液開始產生泡沫。

接著突然之間，瓶子掉進了火山

口……

塑膠瓶裡的溶液往天空噴去，
整座山都開始搖晃。

但是，末日火山晃動得更厲害了。

所有人都開始**左搖右晃**。

「怎麼回事？」亨寶大喊，

「這場火山爆發有點太真實了。」

說不定，
我們的魔法比想像得
更強大？

接著，所有人倒抽了一口氣。

某個東西逐漸從末日火山裡冒出來。

她的頭上長了角、身上都是鱗^{ㄌ一ㄣ}片，

還有一對巨大的翅膀，

而且會噴火。

那是……
一隻龍嗎？

「糟了。」退休仙子說，
「我們忘記這件事了。
她已經在末日火山裡
沉睡好多年了。」

「其實，」一名退休仙子說，「這就是為什麼這裡叫做**末日**火山，對吧？把龍吵醒的人會被一口吃掉。」

退休仙子全都衝向電梯。「抱歉了，親愛的。」
他們對伊莉喊道，「你們只能靠自己了。電梯裡
沒有多餘空間讓你們進來。」

「再見，」當電梯門關上時，仙子們說，「祝你
們好運！你們很需要好運……」

CHAPTER 5

飛呀！
獨角獸亨寶

伊莉跳到亨寶背上。

「出發！」她說，「我們要飛了！」

馬鈴薯王子僅存的身體飄到亨寶的背上。

亨寶，跳吧！

亨寶向下看，他的膝蓋在發抖，

「我有沒有說過，我有點怕高？」

接著他回頭看了看，龍正朝他們爬過來，

「不過仔細想想，我覺得龍更可怕。」

亨寶閉上眼睛、

往下跳！

他在空中順利滑

翔了一陣子。

「太棒了！」馬鈴薯王子說。

哇喔！你們看！
我在飛吔！
我真的在飛吔！

當然啦，還加了
一點輔助……

太棒啦！這比拿著斧頭
穿越森林，去尋找睡美人的
城堡還要好太多了……

伊莉回過頭，「喔，不！那隻龍追在後面！」

「她抓不到我們！」亨寶信心滿滿的說。

小心前面
有魔豆莖！

「糟了！」亨寶說，「我想我們可能**勾到了。**」

「我要把繩子剪斷。」伊莉說，「沒有別的選擇了。否則那隻龍一定會抓到我們。」

「亨寶，快點**拍拍翅膀**。」伊莉大喊，「試試看能不能飛！」

在那瞬間，亨寶覺得時間彷彿停止了。

我做得到嗎？

不行！我做不到！除了跳舞，我什麼都做不到。

但是我是獨角獸不是嗎？獨角獸要會飛才對！

可是我的翅膀好小，而且我們現在……唔ˇ……在好高的地方。

「你做得到！」馬鈴薯王子說，

「亨寶，我知道你一定做得到。我們相信你。」

突然間，亨寶發現他們不再墜ㄓㄨㄟˋ落。

「呃，亨寶！」伊莉說，

「我不知道該怎麼說，但是……」

當亨寶**向下看**時……

我的老天！

「現在該怎麼辦？」亨寶說，

「這就是我們的結局嗎？

被可怕的龍吃掉？」

「我想，這隻龍不會把我們吃掉。」

馬鈴薯王子說。

「她在對你笑呢。」王子說，

「亨寶，我想是你拯救了我們。

一定是因為你擁有**純淨的心靈**。」

我嗎？我有純淨的心靈？

一定有。

「既然如此，」亨寶對龍說，

「可以請妳載我們回睡美人的城堡嗎？」

CHAPTER 6
誰救了<u>睡美人</u>?

龍按照亨寶的要求，
往城堡飛去。

「謝謝妳。」亨寶說，「妳真好心。」

龍發出了一陣低沉的呼嚕聲。

接著，她低下頭、親了亨寶一下。

天啊。

這時候，馬鈴薯王子（剩下的身體）

從落地窗衝進城堡去尋找睡美人。

「我必須在完全消失之前找到她。」

他一邊說，一邊飄進房間裡。

他一進入房間，

睡美人就從沙發上

跳了起來。

然後放聲尖叫。

啊啊啊啊啊啊啊！

「公主殿下，」馬鈴薯王子說，

「妳已經沉睡了100年又1天，

在我解除了詛咒之後，妳終於醒來了。」

睡美人叫得更大聲了。

啊啊 啊啊 啊啊 啊啊 啊啊 啊啊 啊啊 ！

「我在做噩夢嗎？」她說。

「怎麼會是噩夢？」馬鈴薯王子問。

你沒有身體。

對，不過……

「我的身體馬上就會恢復了。」馬鈴薯王子說，

「至少我是這麼希望的……」

「所以說，是你解除了我的詛咒嗎？」

睡美人微笑著對他說。

「就是我！」馬鈴薯王子驕傲的說。

接著他想了想，

「不過亨寶和伊莉也幫了一些忙……」

「也許根本不是我解除了詛咒。」馬鈴薯王子難過的說，「我唯一做的，就是慢慢消失。」

「但是你在

濃密的荊棘森林

用大斧頭砍出了一條路。」

亨寶說。

「而且，」伊莉說，「就算你逐漸消失，脾氣還是很好。如果是我，一定會一直抱怨。」

「還有，降落傘被勾住的時候，你幫了大忙——你鼓勵了我。」亨寶補充。

「謝謝你們！」馬鈴薯王子笑著對伊莉和亨寶說。

我好愛大家，一起抱抱！

我也是。

睡美人也笑了：「剛剛是不是提到**降落傘**？我最愛跳傘了。」

「真的嗎？」伊莉說，「童話故事裡也沒有提到這件事。不過，我不太確定我的降落傘設計到底好不好……」

「我想說，」睡美人說，「其實我比較喜歡
搭**滑翔機**。城堡屋頂上有一架我自己製作的
滑翔機。要不要上去看看呢？」

「當然要，麻煩妳了！」王子說。

「當然可以。」睡美人說，「但是，我還不知道
你的名字呢。」

「啊！」王子說，「我叫做……我叫做……我叫
做……**馬鈴薯王子**。」

「這個名字真可愛。」睡美人說。

「真的嗎？」王子說，「妳不會笑我嗎？
或者叫我『麻糬』王子？」

「當然不會。」睡美人說。

那請問妳叫什麼名字
呢？既然妳已經醒了，
我就不能繼續叫妳
「睡美人」了。

我叫做
萵ㄨㄛ苣ㄐㄩˋ公主。

於是，**萵苣公主**和**馬鈴薯王子**
爬上了滑翔機、朝夕陽飛去。

一陣閃光之後，壞仙子布蘭達出現了。她看著王子與公主離去的背影，露出了恐怖的笑容。

居然解除了我的詛咒！
但是下一次，
任何人都逃不了！

亨寶和伊莉互看了彼此一眼。

「妳又拯救了一個童話故事。」亨寶說，

「也拯救了馬鈴薯王子和我。」

「其實，」伊莉說，「亨寶，最後是你拯救了我

們兩個人呢，因為你擁有純淨的心靈。」

就在這個時候，傳來了仙子拍動翅膀的嗡嗡聲。

天啊，你們看起來都非常的……嗯……耀眼迷人。

「伊莉，謝謝妳！」一位仙子說，「妳破除了壞仙子布蘭達的詛咒。要是沒有妳，我們不可能做到！」

「其實我們做得到啦，」玫瑰閃亮腳仙子補充，「但是今天一定要去參加仙子聚會，這真的很重要。」

我們度過了非常美好的時光！

「請問一下，你們在這個重要聚會，都在做什麼呢？」伊莉問，「你們看起來，好像一整天都在**做頭髮**。」

「還有**塗指甲油**。」另一名仙子笑嘻嘻的說。

「仙子偶爾也需要休息一下。」玫瑰閃亮腳仙子說，「伊莉，該送妳回去，準備到學校上課了。」

等到閃閃發光的雲霧消失後，伊莉發現自己回到了房間。沒過多久，爸爸走了進來。

「伊莉！」他喊道，「妳在做什麼？該吃早餐了。」

怎麼還沒換好制服！

嗯……我睡過頭了！馬上就下樓……

房門關上後，伊莉馬上找出故事書。

「我必須確定童話國度真的沒事。」

伊莉翻到

《睡美人》

的故事⋯⋯

睡美人

英勇的馬鈴薯王子（大家都不該取笑他的名字）拿著斧頭穿越荊棘森林、喚醒了萵苣公主。接著，他們坐上萵苣公主用聰明才智設計出來的滑翔機，往夕陽的方向飛去……

但是壞仙子布蘭達一點也不開心，「我不
會再讓獨角獸亨寶和聰明的礙事鬼，用這
種方式解除詛咒。我要把亨寶關進**高塔**
裡、關一輩子。

而且我會派一名巨人、一匹狼，和一架會
說話的豎琴去看守高塔。」

本書完

糟了！我必須回童話
國度、拯救亨寶……

科學酷女孩的實驗筆記

以下是伊莉記錄的幾個實驗……

製作你的專屬雪花

作者：伊莉

需要材料：

- 盤子或碗
- 250g玉米粉
- 1$\frac{1}{2}$ 茶匙的水
- 250g烘焙用小蘇打
  （又叫小蘇打或碳酸氫鈉）

製作步驟：

❶ 把玉米粉和烘焙用小蘇打放進碗裡、攪拌均勻。

❷ 把一點點水加進碗裡，用手混合均勻。每次只多加幾滴水就好。

❸ 等到步驟2製造出的混合物能夠維持形狀，但用手壓又會碎掉的時候，就可以停止加水——這時候的混合物就像雪！

❹ 你可以試著在裡面加一坨刮鬍泡或白色的潤髮乳。

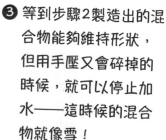

想要製作火山？
請翻到
第78頁

讓火山爆發

你也可以讓這個實驗「更像火山」！只要在塑膠瓶的外面堆上泥土、石頭或溼沙子。

科學原理：

* 烘焙用小蘇打和熱水混合時，會慢慢起泡泡，因為熱會加速化學變化，釋放出泡泡和二氧化碳。

* 醋是一種酸，所以當你把醋和烘焙用小蘇打混合時，這些材料會出現劇烈的變化！這種變化會產生大量的二氧化碳氣體，讓混合物發出滋滋聲、冒出泡沫。

* 添加洗碗精能幫助混合物冒出更多泡泡，因為洗碗精會將前述製造出來的氣體泡泡困住。

* 開口比較小的塑膠瓶會讓岩漿用更快的速度噴出來；開口較寬的塑膠瓶會使岩漿慢慢冒出。

* 你可以用不同分量的醋和小蘇打來做實驗，看看火山爆發會出現什麼改變。你也可以試著把醋換成檸檬汁。

製作你的玩具降落傘

作者：伊莉

需要材料：

- 衛生紙或塑膠袋
- 細繩　　• 剪刀
- 膠帶　　• 尺
- 小塑膠玩具人偶（負責當跳傘員），你也可以使用文具店找得到的毛根代替。

製作步驟：

❶ 拿一張正方形的衛生紙或塑膠袋、放在平坦的地方。

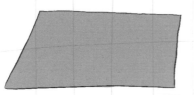

❷ 剪下四條細繩，每條繩子長30公分。

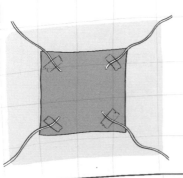

❸ 把這些細繩各自放在衛生紙或塑膠袋的四個角落，然後用膠帶黏起來（請參考左邊的圖片）。

❹ 拉直四端的細繩，並且將四條
繩子綁在一起（尾端留下約5
公分長度）。

❺ 把細繩的尾端綁在玩具人偶上。如果
人偶太輕，可以用油土（彩色黏土）
增加重量。

❻ 如果沒有小玩具的話，也可以用
毛根自己做一個。先用毛根彎成
一個圓圈當做頭，接著彎折剩餘
的毛根，用來當做手和腳。

實驗原理：

物體墜落時，會產生兩種力量：

重力
（向下的力量） 和 **空氣阻力**
（向上的力量）

沒有降落傘的時候物體會快速掉落，因為重力大於空氣阻
力；但是當降落傘打開，空氣阻力的向上力量會增加，使跳
傘員下降的速度比較慢。

＊試著用不同材料製作降
　落傘，你覺得哪一種材
　質最好？

＊降落傘可以是圓形或方形
　的。試試看這兩種形狀並計
　時比較，哪一種形狀的降落
　傘落下的速度比較快呢？

科學
酷女孩伊莉

睡美人的詛咒，
關科學實驗什麼事？

作者：查娜・戴維森（Zanna Davidson）
繪者：艾麗莎・艾維克（Elissa Elwick）｜譯者：聞翊均

出　　版：小樹文化股份有限公司
社長：張瑩瑩｜總編輯：蔡麗真｜副總編輯：謝怡文｜責任編輯：謝怡文
行銷企劃經理：林麗紅｜行銷企劃：李映柔｜校對：林昌榮
封面設計：周家瑤｜內文排版：洪素貞

發　　行：遠足文化事業股份有限公司（讀書共和國出版集團）
　　　　　地址：231新北市新店區民權路108-2號9樓
　　　　　電話：(02) 2218-1417 ｜ 傳真：(02) 8667-1065
　　　　　客服專線：0800-221029 ｜ 電子信箱：service@bookrep.com.tw
　　　　　郵撥帳號：19504465遠足文化事業股份有限公司
　　　　　團體訂購另有優惠，請洽業務部：(02) 2218-1417分機1124

特別聲明：有關本書中的言論內容，不代表本公司／出版集團之立場與意見，
文責由作者自行承擔。

法律顧問：華洋法律事務所 蘇文生律師
出版日期：2023年9月27日初版首刷

ISBN 978-626-7304-19-8（平裝）
ISBN 978-626-7304-21-1（EPUB）
ISBN 978-626-7304-20-4（PDF）

國家圖書館出版品預行編目資料

科學酷女孩伊莉：睡美人的詛咒，關科
學實驗什麼事？／查娜・戴維森（Zanna
Davidson）著；艾麗莎・艾維克（Elissa
Elwick）繪；聞翊均 譯--初版--新北市：小
樹文化股份有限公司 出版；遠足文化事業
股份有限公司 發行；2023.09
面；公分--（救救童話；2）
譯　自：Izzy the Inventor and the Curse of
Doom
ISBN 978-626-7304-19-8（平裝）
1.科學實驗 2.通俗作品
303.4　　　　　　　　112012583

小樹文化官網　　小樹文化讀者回函